专家推荐语

人类的生活离不开塑料，然而，大量的废弃塑料正以惊人的速度污染我们的地球。塑料本身不是污染物，但塑料垃圾被随意丢弃到自然环境中难以降解，就会造成环境危害。只有让塑料垃圾进入塑料循环体系，再生成为新的产品继续为人类服务，才能够减少环境污染、节约资源、降低排放，为实现碳中和作出贡献。

塑料垃圾是放错了地方的资源，垃圾分类是塑料循环的第一步，也是最关键的一步。垃圾分类，教育先行。早期的环境教育不仅有助于培养小朋友的环保意识，还能激发他们对环境科学的兴趣。

本套丛书从不同视角介绍了塑料的“性格特点”“前世今生”“循环之旅”等，画风优美，内容生动有趣。绘本中的主人公与小朋友亲密互动，帮助小朋友了解塑料循环的知识，鼓励他们亲身参与到塑料垃圾分类中来，从而激发对生态文明与绿色发展的好奇心和探索心。

——杜欢政

- 碳中和与塑料循环环保科普教育丛书 -

一个塑料瓶的循环之旅

本书编委会 

中国石化出版社

·北京·

一个塑料瓶的循环之旅

编撰委员会

小朋友，你好！
想了解塑料瓶是如何回收利用的吗？
欢迎踏上塑料瓶的循环之旅！

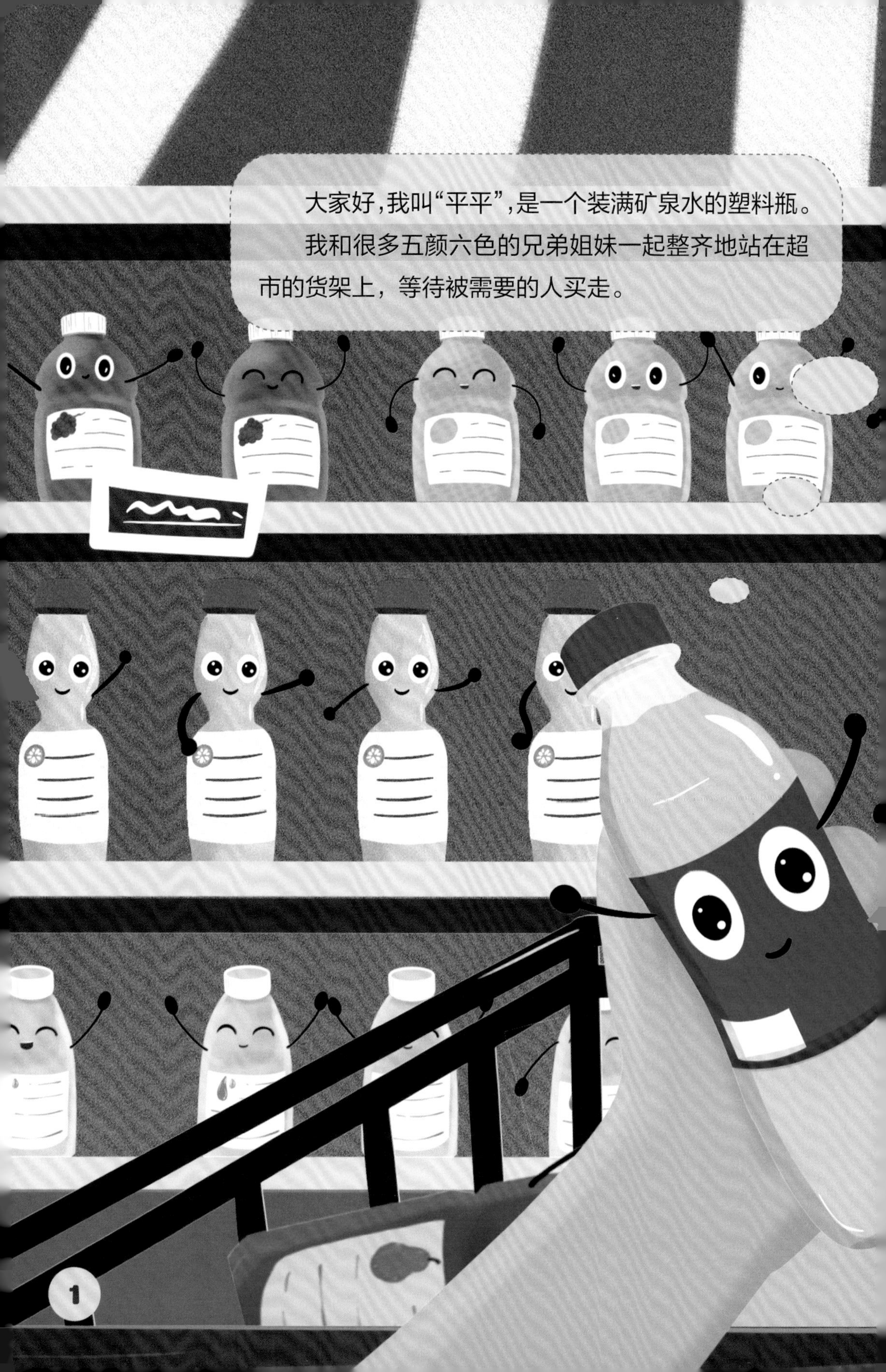
大家好，我叫“平平”，是一个装满矿泉水的塑料瓶。
我和很多五颜六色的兄弟姐妹一起整齐地站在超市的货架上，等待被需要的人买走。

一个夏日的午后，男孩子们在足球场上角逐，踢得酣畅淋漓。一个男孩飞奔进超市，把我买走，还没走出超市，他就迫不及待地拧下我的“帽子”，咕嘟咕嘟地喝完我体内的矿泉水，顺手把我丢进了可回收物垃圾箱里。

我国实行垃圾分类制度，垃圾分类中的可回收物垃圾主要包括废纸、塑料、玻璃、金属和布料五大类。塑料饮料瓶是最常见的塑料垃圾之一，要将其投放到可回收物垃圾箱内。

有害垃圾
Harmful waste
可回收物
Recyclable

不知道睡了多久，突然一双手把我从垃圾箱里拽了出来，抛进一个编织袋里。我和其他垃圾一起，躺在三轮车里摇摇晃晃。虽然不知道接下来去哪儿，但我还是很兴奋，也有一丝丝忐忑。

塑料饮料瓶通常由 PET 树脂制成，它是可回收物垃圾。我们在丢弃饮料瓶时要先将饮料瓶内的液体都倒干净，这样可以方便后续的回收和运输。如果饮料瓶中被丢进了烟头或造成了其他污染，那它就不再是可回收物垃圾了，而是其他垃圾，只能被填埋或焚烧，容易污染环境，造成资源浪费。

装了烟头
未倾倒干净
装了废
卫生纸
装了污水

我和成千上万个塑料瓶，被送进一个车间。在这里，我们的瓶标被吹飞，又通过了一台智能分选机，它可以把我们按照透明、蓝色、绿色和杂色等不同颜色，以及不同形状进行分拣，最终我们被压成了一大块一大块的“瓶砖”。

接着，我们又来到了另一个工厂。在这里，我们的身体被带着锋利铡刀的机器咔嚓咔嚓地切得粉碎，变成了好多好多的碎片，随后又被传送到一个大水池里，洗得干干净净。

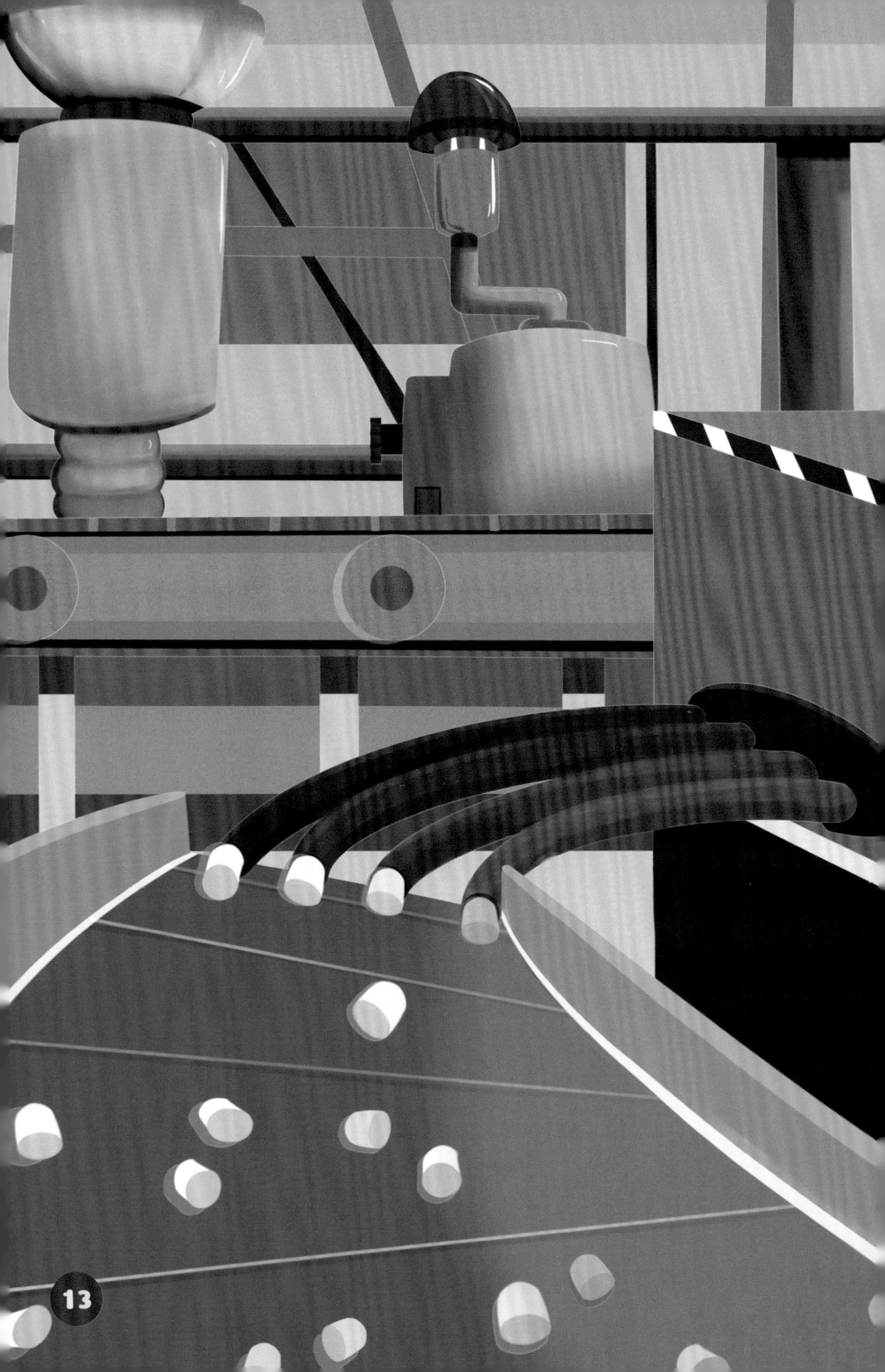

洗完澡以后，我们被送进了热烘干室。这儿也太热了吧，足足有260℃！还没开始流汗，我们就两腿一软，融作一摊塑料泥。

从热烘干室里出来的时候，我们被挤成了细细软软的塑料条。前面又是一台切割机，我们身体刚要变硬，就被切成无数个米粒大的小颗粒。这时我们就变成传说中的“再生塑料颗粒”了。

颗粒小伙伴们作为原材料，被送往各种加工厂：有的去了饮料包装厂，有的去了生活用品厂，有的去了玩具厂。

而我则被送到了一家文具厂。在文具制作车间，我被染成赤、橙、黄、绿、青、蓝、紫等各种颜色，又被送去模具车间压制成型，装入彩色笔芯。终于，我迎来了新生，与小伙伴们一起成为了一盒水彩画笔，画出五彩的世界。

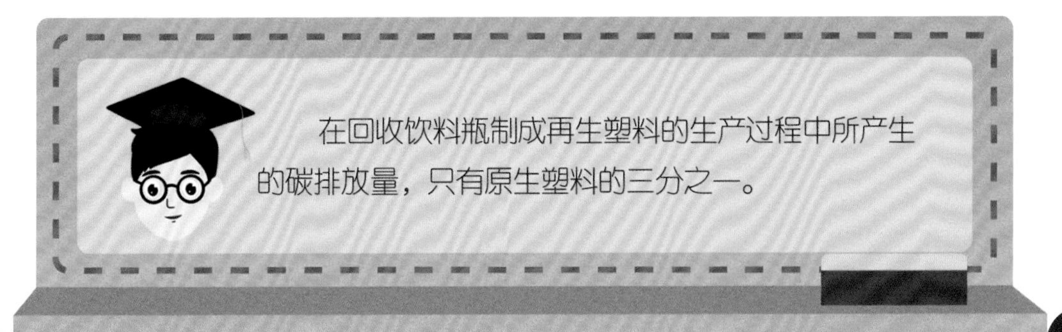

在回收饮料瓶制成再生塑料的生产过程中所产生的碳排放量，只有原生塑料的三分之一。

前世的我是个默默无闻的塑料瓶，重生之后，我变成了多彩的画笔，经过包装、运输，又意气风发、踌躇满志地回到小朋友的手里，继续为人类服务。

在未来的日子里，我可能还要经过几次重生，参与资源循环是我们塑料家族的光荣使命！

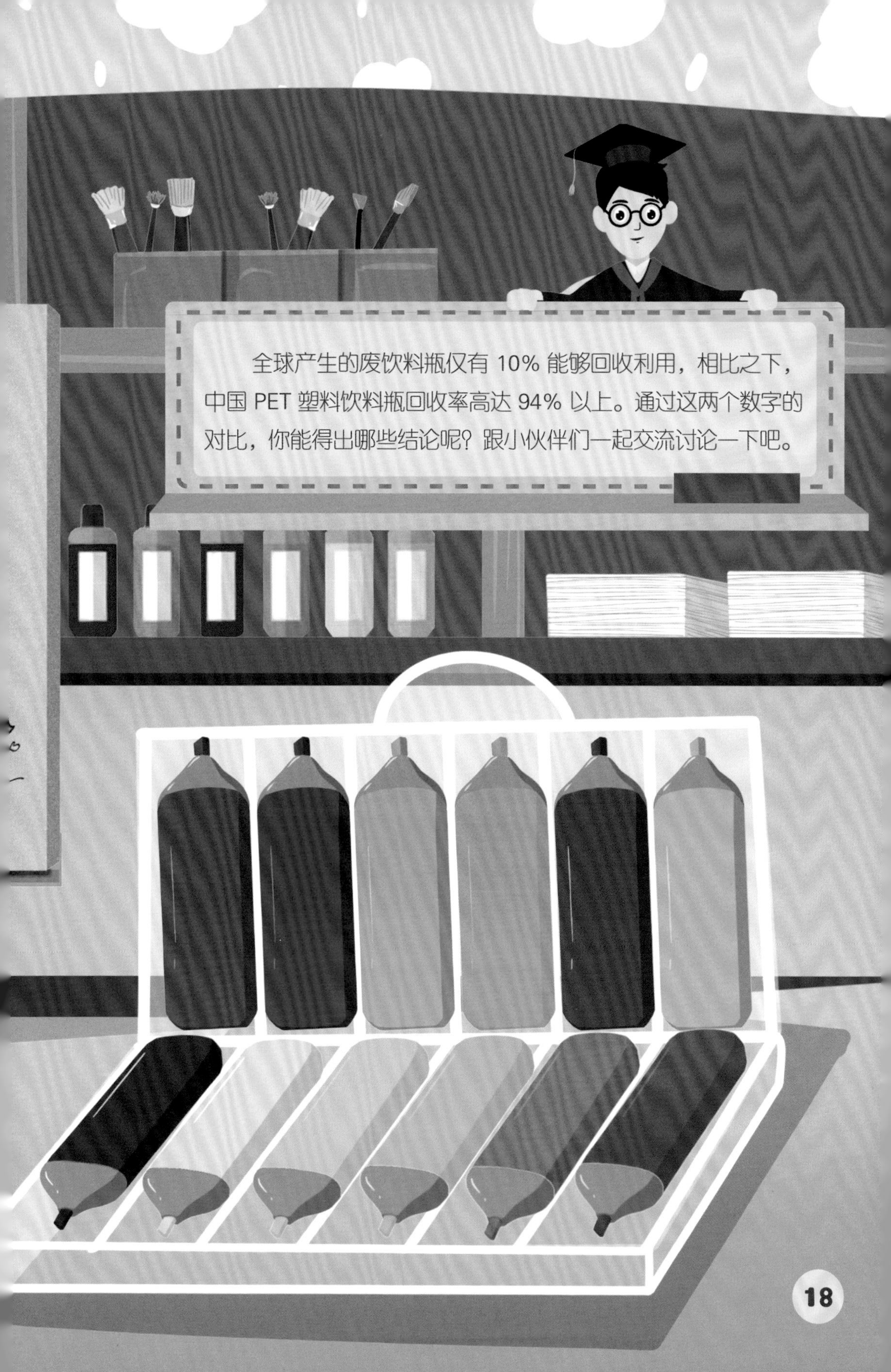
全球产生的废饮料瓶仅有 10% 能够回收利用，相比之下，中国 PET 塑料饮料瓶回收率高达 94% 以上。通过这两个数字的对比，你能得出哪些结论呢？跟小伙伴们一起交流讨论一下吧。

塑料博士小课堂 —— 你问我答

塑料瓶“平平”是哪种塑料？有什么特性？

塑料瓶“平平”是 PET 瓶。PET 瓶是由一种叫作聚对苯二甲酸乙二醇酯（Polyethylene Terephthalate，PET）的塑料制成的。PET 是由对苯二甲酸（Terephthalic Acid）或者对苯二甲酸二甲酯（Dimethyl Terephthalate ）和乙二醇（Ethylene Glycol）经过化学反应产生的聚合物。

PET 塑料具有质轻、透明度高、耐冲击、不易碎裂等特性，可阻止饮料中的气体泄漏，让汽水保持较好口感。PET 可耐热 65℃，耐冷 -20℃，只适合装暖饮料或冻饮料，装高温液体或加热时则易变形，产生对人体有害的物质。

PET 瓶具有低环境污染性及低能源消耗性，因此成为饮品包装的主流材料，广泛应用于生活用品、日化包装等领域。

塑料瓶“平平”如果被随意丢弃会造成哪些危害？

塑料瓶如果被随意丢弃，就会成为大自然中的废塑料，对人类、动植物和环境的危害都非常大，包括：

1. 影响农业发展。废塑料制品混在土壤中不断累积，会影响农作物吸收养分和水分，导致农作物减产。

2. 威胁生物生命。抛弃在陆地上或水体中的废塑料制品，容易被动物当作食物吞入，导致动物死亡。这样的事件在动物园、牧区、农村、海洋中屡见不鲜。

3. 影响土地利用。废塑料随垃圾填埋会占用大量土地，被填埋的废塑料可能几十年或者上百年都不会降解，不但使被占用的土地长期得不到恢复，影响土地的可持续利用，而且可能会产生有害物质。

4. 造成空气污染。有些地区可能通过焚烧的方式处理塑料瓶，这会产生二氧化碳及有害气体，对空气造成污染。

5. 破坏生态系统。塑料瓶在自然环境中破碎后会形成微塑料，这些微塑料可以进入食物链，影响生态系统和人类身体健康。

塑料瓶“平平”是怎样变成再生塑料的？

通过对回收的废塑料进行预处理、熔融造粒、改性等加工处理可以得到再生塑料。使用再生塑料是对塑料的再次利用，在减少塑料污染的同时还能够节约资源。

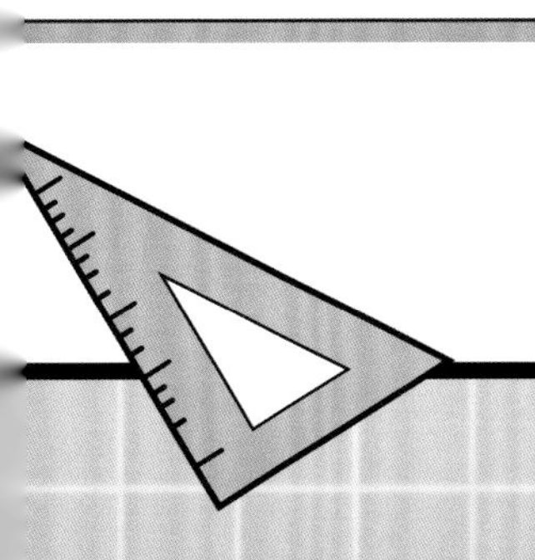

塑料博士小课堂——你问我答

对废塑料进行回收利用有哪些好处？

对废塑料进行回收循环再利用不仅能够减少环境污染，还能通过减少垃圾填埋量从而减少对土地的影响。塑料瓶是由石油等化石能源制成的，做好废塑料的循环利用，可在一定程度上减少不可再生能源消费，对我国节能减排和循环经济的发展起到积极的促进作用。

废旧塑料瓶回收后，经过分类、加工，可以制造成各种新产品，延长物资的生命周期，形成良性循环，创造经济价值，促进可持续发展。

因此，我们应该积极参与废旧塑料瓶回收工作，让塑料瓶发挥最大价值。

塑料循环包含哪些阶段？

塑料循环主要分为五个阶段：塑料生产、塑料消费、塑料废弃、塑料回收以及再生加工。

塑料瓶的瓶身、瓶标和瓶盖属于同一种塑料吗？是否需要分开回收？

一般情况下，塑料瓶的瓶身和瓶盖并不属于同一种塑料。但回收处理工厂有相应的技术可以将它们打碎后分开利用，所以我们在进行生活垃圾分类的时候，并不需要将它们分开投放。

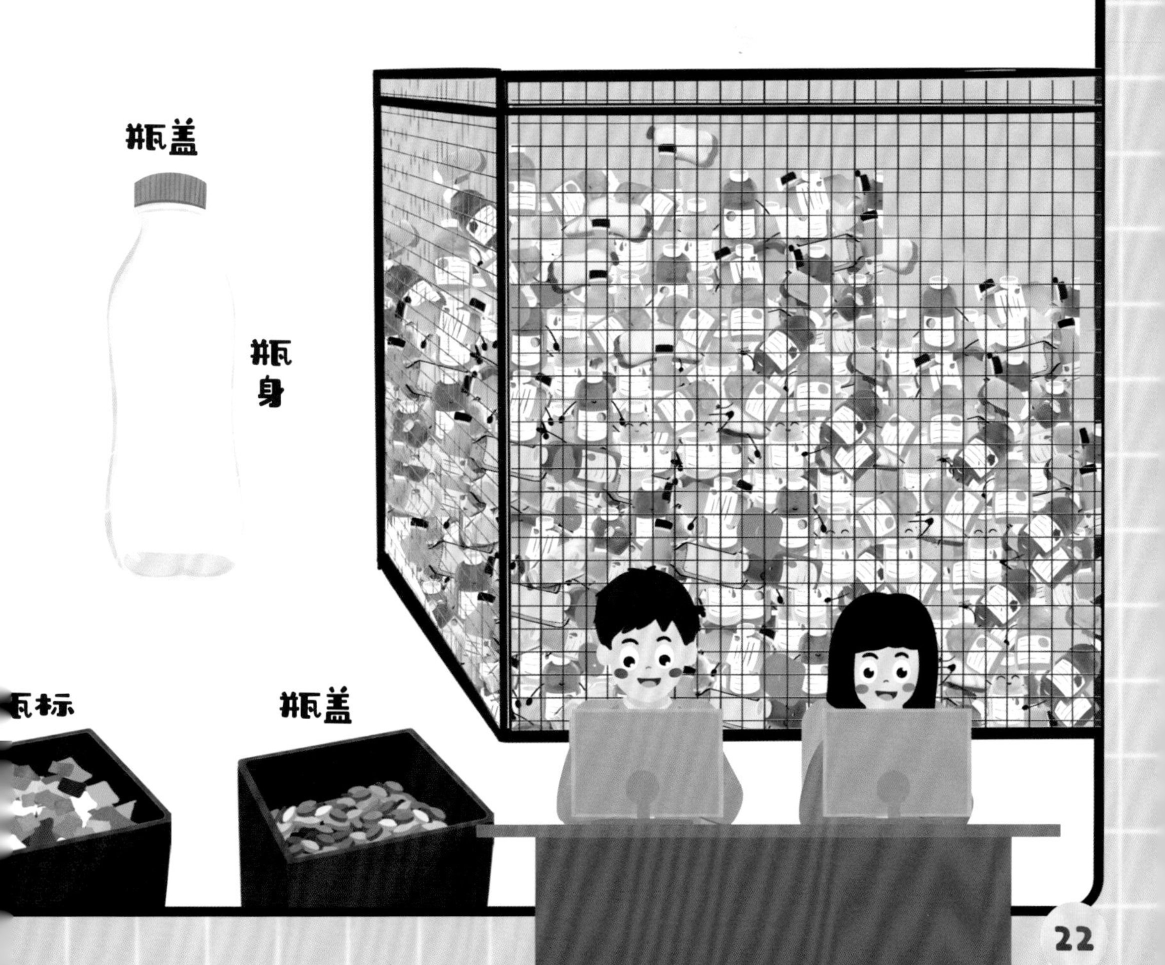

后 记

一个塑料瓶的循环之旅

这本书不仅仅是一本关于塑料瓶循环再生的科普读物，更是对公众环保意识的呼吁书和对可持续发展的提倡书。通过塑料瓶“平平”被回收再利用的全过程，我们洞见了塑料循环的价值和潜力。每一个塑料瓶的“循环之旅”都是一次微小的环保实践，我们每个人都可以在生活中为环保事业贡献力量——从分类投放一个小小的塑料瓶做起。如果大家都能积极地参与其中，那么汇聚起来的力量将会为地球环境带来巨大的改变。

目前，地球面临着气候变化和资源匮乏等多重挑战，需要我们更多地加入环保事业中，守护我们共同的家园。希望通过阅读本书能够激发小读者们的环保意识，从生活中的小事做起，为塑料循环经济贡献自己的力量，为创造一个更加清洁、美丽的世界而努力奋斗。